Pravin Khope
Sagar Shelare
Akhilesh Bhatkar

# Mecanização agrícola de baixo custo

Pravin Khope
Sagar Shelare
Akhilesh Bhatkar

# Mecanização agrícola de baixo custo

## Máquina de pulverização de pesticidas de acionamento manual por pressão

ScienciaScripts

**Imprint**

Any brand names and product names mentioned in this book are subject to trademark, brand or patent protection and are trademarks or registered trademarks of their respective holders. The use of brand names, product names, common names, trade names, product descriptions etc. even without a particular marking in this work is in no way to be construed to mean that such names may be regarded as unrestricted in respect of trademark and brand protection legislation and could thus be used by anyone.

Cover image: www.ingimage.com

This book is a translation from the original published under ISBN 978-620-2-05560-4.

Publisher:
Sciencia Scripts
is a trademark of
Dodo Books Indian Ocean Ltd. and OmniScriptum S.R.L publishing group

120 High Road, East Finchley, London, N2 9ED, United Kingdom
Str. Armeneasca 28/1, office 1, Chisinau MD-2012, Republic of Moldova, Europe
Printed at: see last page
ISBN: 978-620-7-92100-3

Índice:

# CAPÍTULO 1
## SÍNTESE DO PRESENTE TRABALHO

## 1.1 PREÂMBULO

Tem sido uma tendência bem adoptada pelos seres humanos para alcançar uma maior precisão e maximizar a eficiência da tecnologia existente. Tornou-se muito importante manter o equilíbrio entre a natureza e as necessidades do homem para a continuação da raça humana. Embora o desenvolvimento económico e tecnológico seja conseguido à custa das energias renováveis, é necessário pensar noutras fontes de energia que permitam equilibrar a tecnologia com a natureza.

Os insectos são os principais responsáveis pela destruição das culturas nas explorações agrícolas. Os insecticidas ou pesticidas, preparações naturais ou feitas pelo homem, são utilizados para matar os insectos ou para controlar a sua reprodução. Estes herbicidas, pesticidas e fertilizantes são aplicados nas culturas agrícolas com a ajuda de um dispositivo especial conhecido como "pulverizador", que proporciona um ótimo desempenho com o mínimo de esforço. A invenção de um pulverizador, pesticidas, fertilizantes, trouxe uma revolução no sector da agricultura ou da horticultura, especialmente através da invenção de pulverizadores, permitindo aos agricultores obter a máxima produção agrícola. Há muitas vantagens na utilização de pulverizadores, tais como a facilidade de operação, manutenção e manuseamento, a facilidade de espalhar uniformemente os produtos químicos, a capacidade de lançar produtos químicos ao nível desejado, a precisão da ponta do bico para um fluxo ajustável e a capacidade de lançar um spray nebuloso, leve ou pesado, consoante as necessidades.

O sector agrícola enfrenta problemas de capacidade, de diminuição das receitas, de escassez de mão de obra e de aumento da procura por parte dos consumidores. A prevalência de equipamento agrícola tradicional intensifica estas questões. Além disso, a maioria dos agricultores procura desesperadamente diferentes formas de melhorar a qualidade do equipamento e, ao mesmo tempo, reduzir os custos directos gerais (mão de obra) e o capital. Assim, uma oportunidade significativa reside na compreensão do impacto de um pulverizador de pesticidas num campo agrícola. Por isso, é necessário desenvolver uma bomba de pulverização de pesticidas com uma maior capacidade do depósito, o que deverá resultar numa redução dos custos, da mão de obra e do tempo de pulverização. A fim de reduzir estes problemas, foi proposto este projeto.

## 1.2 CONTEXTO DO PRESENTE TRABALHO

Trata-se essencialmente de duas técnicas de pulverização diferentes utilizadas a nível mundial, que são apresentadas na Figura 1.1. Estes processos são estudados em pormenor.

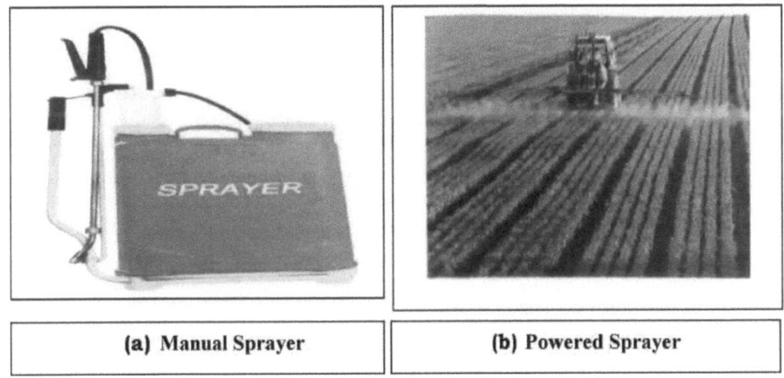


Figura 1.1Máquinas de pulverização de pesticidas

As máquinas operadas manualmente são demoradas e trabalhosas e, por outro lado, as máquinas operadas a gasóleo são muito mais caras. Estes problemas levam-nos a pensar numa solução alternativa que anule as limitações dos processos anteriores.

O novo conceito evoluído é uma máquina de pulverização de pesticidas que é operada por energia humana. Além disso, o seu custo inicial também é menor. Para concretizar esta nova ideia, o presente trabalho está a ser bem realizado e é o seguinte

1. Em primeiro lugar, procedeu-se a uma análise completa do mercado e a um inquérito bibliográfico sobre o processo de pulverização de pesticidas.

2. Mais uma vez, o estudo sobre o processo agrícola foi completamente efectuado para compreender o sistema de culturas na Índia.

3. Com base no estudo acima referido, para superar as deficiências das actuais máquinas de pulverização, são propostas dimensões e foram desenvolvidas considerações de design.

4. Com base nas dimensões projectadas obtidas, é feito o trabalho de fabrico da máquina de pulverização de pesticidas ajustável, operada por impulso e alimentada por energia humana.

5. Por fim, foram efectuados os testes e os percursos para verificar a capacidade de carga da máquina e a sua viabilidade.

## 1.3 PRINCIPAL OBJECTIVO DO PRESENTE TRABALHO

1.3.1 Proporcionar uma alternativa para a operação de pulverização de pesticidas.

1.3.2 Para reduzir o desconforto dos agricultores durante a pulverização.

1.3.3 Eliminar a poluição ambiental utilizando apenas fontes de energia humanas.

1.3.4 Trabalhar eficazmente em diferentes condições de trabalho.

1.3.5 Diminuir os custos de mão de obra e de manutenção.

1.3.6 Para reduzir o esforço humano e aumentar a eficiência do pulverizador.

1.3.7 Para poupar consideravelmente o tempo de pulverização.

# CAPÍTULO 2
## REVISÃO DA LITERATURA

A revisão da literatura desempenha um papel importante em qualquer trabalho de investigação. Com ela, é possível compreender a quantidade de trabalho de investigação realizado até à data sobre este tema. Através de um levantamento exaustivo da literatura, verifica-se que ainda há muito a fazer no domínio do desenvolvimento do mecanismo de pulverização. No entanto, no presente capítulo, são apresentadas algumas literaturas importantes e valiosas.

## 2.1 AGRICULTURA NA ÍNDIA

A agricultura desempenha um papel vital na economia indiana. Cerca de 65% da população do Estado depende da agricultura. Embora a sua contribuição para o PIB seja atualmente de cerca de um sexto, fornece 56% da força de trabalho indiana. O quadro 2.1 mostra que a percentagem de agricultores marginais e pequenos agricultores é de cerca de 81% e que a exploração das terras é de 44% em 1960-61. No que diz respeito ao cenário indiano, mais de 75% dos agricultores pertencem a terras pequenas e marginais e só o algodão é responsável por cerca de 80% do emprego da mão de obra indiana. Por conseguinte, qualquer melhoria da produtividade contribui para melhorar o estatuto e a economia dos agricultores indianos. O atual pulverizador de mochila tem muitas limitações e requer mais energia para funcionar. A distribuição percentual das terras de exploração agrícola para os agricultores marginais é de 39,1%, para os pequenos agricultores 22,6%, para os pequenos e marginais 61,7%, para os semi-médios 19,8%, para os médios 14% e para os grandes agricultores 4,5% no ano de 1960-61.

A figura 2.1 mostra que a percentagem de agricultores marginais, pequenos e semi-médios é de cerca de 92,15%, o que indica que o crescimento destes agricultores exige equipamento avançado que funcione mais rapidamente do que o existente.

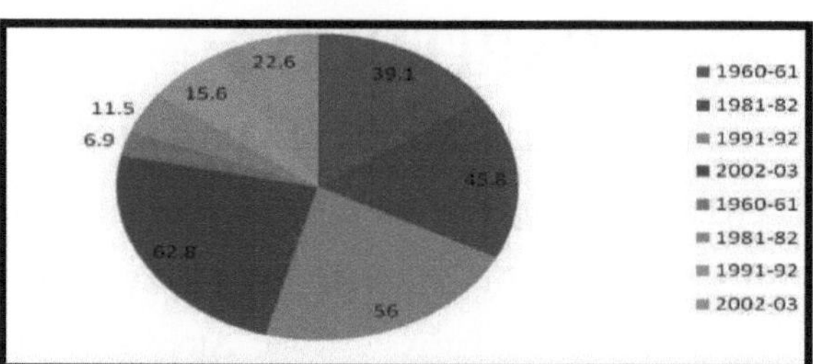


**Fig: 2.1 Distribuição percentual das terras de 1960 a 2003**

| | Distribuição percentual da exploração agrícola | | | | Distribuição percentual da Área Operada | | | |
|---|---|---|---|---|---|---|---|---|
| Classe Laid | 1960-61 | 1981-82 | 1991-92 | 2002-03 | 1960-61 | 1981-82 | 1991-92 | 2002-03 |
| Marginal | 39.1 | 45.8 | 56 | 62.8 | 6.9 | 11.5 | 15.6 | 22.6 |
| Pequeno | 22.6 | 22.4 | 193 | 17.8 | 123 | 16.6 | 18.7 | 20.9 |
| Pequeno e marginal | 61.7 | 68.2 | 75.5 | 80.6 | 19.2 | 28.1 | 343 | 43.5 |
| Semi-mediato | 19.8 | 17.7 | 14.2 | 12 | 20.7 | 23.6 | 24.1 | 22.5 |
| Médio | 14 | 11.1 | 8.6 | 6.1 | 31.2 | 30.1 | 26.4 | 22.2 |
| Grande | 4.5 | 3.1 | 1.9 | 13 | 29 | 18.2 | 15.2 | 11.8 |

| Total | 100 | 100 | 100 | 100 | 100 | 100 | 100 | 100 |
| --- | --- | --- | --- | --- | --- | --- | --- | --- |

**Quadro 2.1: Distribuição percentual da exploração agrícola e da superfície explorada por vários agricultores**

Mais uma vez, foram efectuados muitos estudos sobre a aplicação de pesticidas em vários tipos de plantas. As alturas médias de algumas plantas são apresentadas no quadro seguinte. Também a distância horizontal entre duas plantas é dada no quadro 2.2. Estes estudos ajudam a calcular a altura e a largura da nossa máquina.

| Sim, não, | Nome da cultura | Distância entre (horizontarvertical) | plantas | Altura da cultura |
| --- | --- | --- | --- | --- |
| I, | Sorgo | 15 polegadas 3-4 polegadas | | 5,5-7 pés |
| i | Milho de pérola | 15 polegadas 3-4 polegadas | | 5,5-7 pés |
| 3. | Cana-de-açúcar | 15 polegadas 34 polegadas | | 5,5-7 pés |
| 4. | Soja | 15 polegadas 2 polegadas | | 5,5-7 pés |
| 5, | Com | 15 polegadas 3 polegadas | | 5-7 pés |
| 6. | Amendoim | Pinça de 15 polegadas | | 1,5 pés |
| 7, | Algodão | 24-36 polegadas 24-36 polegadas | | 2-5 pés |

| | Ervilha-pombinho | 15 polegadas ' 6 polegadas | | 34 pés |
|---|---|---|---|---|

Tabela 2.2: Culturas e suas distâncias horizontais, verticais e altura máxima

## 2.2 PROTECÇÃO DAS PLANTAS: PULVERIZAÇÃO DE PESTICIDAS

A proteção das plantas é uma parte essencial da agricultura. Porque a proteção das plantas não é mais do que uma forma indireta de produzir mais cereais. Na agricultura, os pesticidas desempenham um papel importante no aumento da quantidade e da qualidade das colheitas ou dos grãos. Por isso, o estudo da aplicação de pesticidas é muito importante.

O objetivo da aplicação de pesticidas é manter as pragas sob controlo. A população de parasitas tem de ser suprimida a um nível mínimo de actividades biológicas para evitar perdas económicas nos rendimentos das culturas. Não é prático nem necessário matar completamente a praga ou erradicá-la. O objetivo da aplicação de pesticidas, para além de manter a população de parasitas sob controlo, deve ser também o de evitar a poluição e os danos causados aos animais não visados. O êxito das operações de luta contra os parasitas através da aplicação de pesticidas depende em grande medida dos seguintes factores

1. Qualidade do pesticida
2. Calendário de aplicação
3. Qualidade da aplicação e cobertura

O principal objetivo da técnica de aplicação de pesticidas é cobrir o alvo com a máxima eficiência e o mínimo de esforço para manter a praga sob controlo, bem como a contaminação mínima dos não-alvos. Isto pode ser facilmente conseguido através da pulverização de pesticidas utilizando várias bombas.

A aplicação de pesticidas não se resume à utilização de um pulverizador ou de um espanador. Tem de ser associada a um conhecimento profundo do problema da praga. Porque todos os pesticidas são substâncias venenosas e podem causar danos a todos os seres vivos. Por conseguinte, a sua utilização deve ser muito criteriosa. As técnicas de aplicação devem, idealmente, ser orientadas para o alvo, de modo a garantir a segurança dos não-alvos e do ambiente. Por conseguinte, a seleção adequada do equipamento de aplicação, o conhecimento do comportamento das pragas e métodos de dispersão hábeis são vitais.

## 2.3 IMPACTO DA UTILIZAÇÃO DE PESTICIDAS NA AGRICULTURA:

### OS SEUS BENEFÍCIOS E PERIGOS

**Benefícios dos pesticidas:** A aplicação de pesticidas desempenha um papel importante na gestão das pragas. A técnica adequada de aplicação de pesticidas e o equipamento utilizado para a aplicação de pesticidas são vitais para o êxito das operações de controlo de pragas. A utilização de pesticidas aumenta sempre a quantidade e a qualidade das culturas. Isto leva a uma melhor qualidade das culturas sem serem afectadas por insecticidas ou pesticidas nocivos. O facto de a qualidade e a quantidade dos produtos agrícolas aumentarem constitui uma vantagem da utilização de pesticidas na agricultura. Como sabemos, há sempre uma segunda face de cada moeda, pelo que, com os seus impactos, há também perigos, como se segue.

**Perigos dos pesticidas:** Como a aplicação de pesticidas tem muitas vantagens, com as vantagens vêm algumas desvantagens ou chamamos-lhe perigos, uma vez que estamos a falar de pesticidas. Os pesticidas em grande quantidade podem levar à queima das folhas e dos frutos das plantas. Porque os produtos químicos utilizados nos pesticidas são altamente concentrados. E uma pulverização desigual pode causar danos às plantas em vez de proteção.

Além disso, os pesticidas são muito prejudiciais para o solo e para os seus valores de PH. Uma grande concentração de pesticidas no solo pode causar infertilidade no solo. Além disso, tendem a alterar o valor do PH do solo. Isto pode levar a um grave problema de infertilidade das terras cultivadas.

Todos os pesticidas são substâncias venenosas e podem causar danos a todos os seres vivos. Por conseguinte, a sua utilização deve ser muito criteriosa. Por isso, é necessário ter mais cuidado ao utilizar pesticidas, uma vez que são prejudiciais para o ser humano e a sua exposição máxima pode causar vários problemas, como infecções e, em alguns casos, cancro.

Assim, as técnicas de aplicação de pesticidas devem, idealmente, ser orientadas para os alvos, de modo a garantir a segurança dos que não são alvos e do ambiente. Por conseguinte, a seleção adequada do equipamento de aplicação, o conhecimento do comportamento das pragas e métodos de dispersão hábeis são essenciais.

## 2.4 ESTUDO DE VÁRIAS MÁQUINAS PESTICIDAS

A maior parte dos pesticidas é aplicada sob a forma de pulverização. As formulações líquidas de pesticidas, diluídas (com água ou óleo) ou diretamente, são aplicadas em pequenas gotas nas culturas por diferentes tipos de pulverizadores. Normalmente, as formulações CE e as formulações em pó de mesa húmida são devidamente diluídas com água, que é um veículo comum dos pesticidas. Nalguns casos, porém, o óleo é utilizado como diluente ou veículo de pesticidas.

Os factores importantes para a consideração do volume de pulverização são: O volume de líquido de pulverização necessário para uma determinada área depende do tipo de pulverização e da cobertura, da área total do alvo, do tamanho da gota de pulverização e do número de gotas de pulverização. É óbvio que se as gotas de pulverização forem de tamanho grosso, então o volume de pulverização necessário será maior do que as gotas de pulverização de tamanho pequeno. Além disso, se for necessária uma cobertura completa (por exemplo, ambos os lados das folhas), o volume de pulverização exigido tem de ser maior.

Com base no volume da mistura pulverizada, a técnica de pulverização é classificada como

- Pulverização de grande volume
- Pulverização de baixo volume
- Pulverização de volume ultra baixo

A gama de volumes da calda de pulverização em cada um dos casos acima referidos é arbitrária. Normalmente, para a pulverização de culturas de campo, os seguintes intervalos de volume de pulverização são tomados como guia.

- Pulverização de grande volume 300 - 500 L/ha
- Pulverização de baixo volume 50 - 150 L/ha
- Pulverização de volume ultra baixo < 5 L/ha

Existe uma vantagem distinta no caso de um volume de aplicação inferior em relação a um volume de aplicação elevado. Quanto maior for o volume a aplicar, maior será o tempo, maior será a mão de obra e maior será o custo da aplicação devido ao custo da mão de obra. No entanto, as aplicações de menor volume são pulverizações concentradas de pesticidas que também devem ser devidamente consideradas.

Mais uma vez, a subclassificação dos pulverizadores foi efectuada com base nas operações de potência necessárias para acionar a bomba. Esta classificação é muito essencial para ter uma ideia para desenvolver o meu projeto. Esta classificação é apresentada de seguida.

Com base nas operações de potência para iniciar a pulverização, as máquinas de pulverização são classificadas como:

1. Máquina de pulverização de pesticidas operada manualmente
2. Máquina de pulverização de pesticidas a combustível
3. Máquina de pulverização de pesticidas de funcionamento manual e mecanizado

## 2.4.1 Máquina de pulverização de pesticidas de funcionamento manual

### I. Pulverizador manual

O pulverizador manual é um pulverizador pneumático leve e de baixa capacidade feito de um tanque de latão cromado. O princípio básico de funcionamento desta bomba é efectuado por uma bomba de ar que permanece no interior do tanque. O pulverizador tem um tubo de distribuição curto ao qual está ligado um bico ajustável. Para a pulverização, o reservatório é normalmente enchido até cerca de 70% da sua capacidade e pressurizado pela bomba de ar. Este ar comprimido faz com que a mistura de pesticidas seja forçada a sair ao acionar o gatilho. É normalmente utilizado em pequenos viveiros, jardins pequenos ou domésticos.

| Especificações do pulverizador manual: | Pulverizador manual Imagem: |
|---|---|
| Capacidade       : 0,5-3 litros | 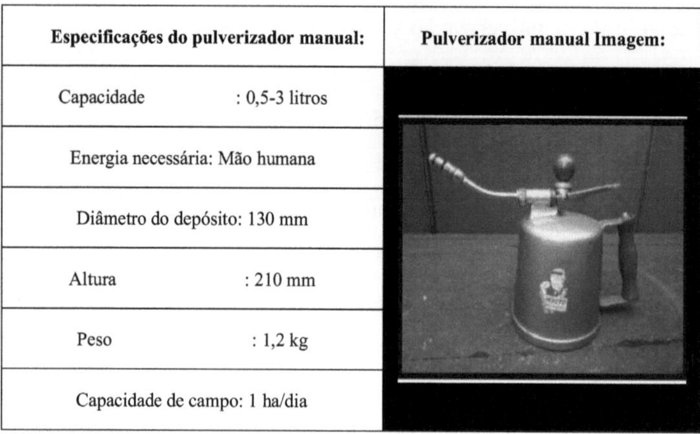 |
| Energia necessária: Mão humana | |
| Diâmetro do depósito: 130 mm | |
| Altura       : 210 mm | |
| Peso       : 1,2 kg | |
| Capacidade de campo: 1 ha/dia | |

**Tabela: 2.3Figura e especificação do pulverizador manual**

## II.   Pulverizador de mochila

O pulverizador de dorso é uma bomba de capacidade média que consiste numa bomba e numa câmara de ar permanentemente instaladas num depósito de 9 a 22,5 litros. Este pulverizador tem um arnês que permite o seu transporte às costas do operador. Esta bomba é normalmente activada através da movimentação de uma alavanca. A pega da bomba é estendida sobre o ombro, de modo a permitir ao operador bombear com uma mão e pulverizar com a outra. A pressão uniforme é mantida através do funcionamento contínuo da bomba. É normalmente utilizada para pulverizar insecticidas e pesticidas em pequenas árvores, arbustos e culturas em linha. Esta é a bomba mais utilizada na Índia.

| Especificações do pulverizador de dorso: | Imagem do pulverizador de mochila: |
|---|---|
| Capacidade: 9-22,5 litros<br>Energia necessária: Uma pessoa<br>Cilindro da bomba<br>Diâmetro interior: 39-42 mm<br>Volume de deslocamento: 85-90 ml | |

**Tabela: 2.4Figura e especificação do pulverizador de dorso**

## 2.4.2 Máquina de pulverização de pesticidas operada a combustível

## III. Pulverizador montado em trator

Os pulverizadores montados em tractores são pulverizadores de energia hidráulica de alta capacidade que utilizam a potência do trator para fazer funcionar a bomba. O conjunto completo de pulverização é montado em três pontos de ligação do trator. A pulverização de pesticidas é efectuada através de um máximo de 20 bicos, dependendo da marca do pulverizador e da formação das culturas. Estes bicos são transportados pela barra de pulverização, que é ajustável em função da altura das plantas. A barra de pulverização aérea é útil para culturas altas, enquanto a barra de pulverização terrestre é concebida para culturas de altura pequena a média. Este conjunto de pulverizador é constituído por um reservatório de fibra de vidro ou de plástico, um conjunto de bomba, tubos de sucção e de descarga com filtros, manómetros e reguladores de pressão, barra de pulverização, todos concebidos para condições de alta pressão e alta descarga.

| Especificações do pulverizador montado em trator: | Imagem de pulverizador montado em trator: |
| --- | --- |
| Capacidade : 200-400 litros<br>Potência necessária: Potência do trator Peso do conjunto: 150 kg<br>Comprimento total: 6340 mm<br>Largura total: 1290 mm<br>Altura total: 1570 mm<br>Capacidade de campo: 8 ha/dia (com 14 bicos) |  |

Quadro: 2.5Figura e especificações do pulverizador montado num trator

## IV. Pulverizador aéreo

Um pulverizador aéreo é um pulverizador de alta capacidade que é benéfico para os agricultores com grandes explorações agrícolas. Utiliza uma técnica moderna no domínio agrícola. Neste caso, a pulverização é efectuada com a ajuda de um pequeno helicóptero controlado por controlo remoto. O tanque e a barra de pulverização são fixados ao helicóptero através de várias técnicas. A barra de pulverização tem um número variável de bicos e a pulverização é efectuada na exploração agrícola a partir de uma certa altitude. Este método é raramente utilizado na Índia, uma vez que é muito dispendioso.

| Especificações do pulverizador aéreo: | Imagem do pulverizador aéreo: |
|---|---|
| Capacidade: 600-1000 litros<br>Potência necessária : Potência do Helicóptero<br>Peso da montagem: 300kg<br>Comprimento total :6340 mm<br>Largura total:      1290 mm<br>Capacidade de campo: 20 ha/dia (com 14 bicos) |  |

Quadro: 2.6Figura e especificação do pulverizador aéreo

## 2.4.3 Máquina de pulverização de pesticidas operada manualmente e mecanizada

## V.   Pulverizador montado em bicicleta

Os pulverizadores montados em bicicleta são pulverizadores de pesticidas inovadores de capacidade média que utilizam a potência da bicicleta para acionar a bomba. Este produto foi desenvolvido por Mansukhbhai Jagani, um agricultor de Gujarat famoso pelo seu "Jugged" agrícola. Ele simplesmente fez um conjunto de bomba de roda dentada modificada, tanque e um pulverizador ajustável. Este sistema portátil é montado numa bicicleta com o tambor que transporta o pesticida firmemente preso ao quadro da bicicleta. Os pistões alternativos da bomba estão ligados à roda dentada por meio de uma corrente. A saída desta bomba é fornecida a uma lança com vários bicos. Ao puxar a bicicleta para a frente ou para trás, o movimento da corrente e a disposição modificada da roda dentada são transferidos para o conjunto da bomba, que bombeia o ar para o tanque para gerar energia para a pulverização. Esta máquina de pulverização de pesticidas não é útil para todas as condições da agricultura na Índia.

| Especificações do pulverizador montado em bicicleta: | Pulverizador montado em bicicleta Imagem: |
| --- | --- |
| Capacidade : 30 litros<br>Potência necessária : Potência de Homem e Ciclo<br>Peso da montagem: Não Especificado<br>Capacidade de campo: 1acre/45 minutos | |

**Tabela: 2.7Figura e especificação do pulverizador montado numa bicicleta**

## VI.   Pulverizador montado em motociclo

O pulverizador montado em motociclo é um pulverizador de pesticidas inovador que utiliza a potência de um motor para fazer funcionar a bomba. Este produto foi desenvolvido por Ganeshbhai Nanjibhai Dodiya, um agricultor de Gujarat. Ele acabou de montar o seu pulverizador inovador num motociclo Enfield que é alimentado por um motor. A pulverização de pesticidas é feita através de um bico montado numa barra de pulverização instalada na parte de trás do motociclo. O tanque cheio de pesticida é colocado por cima da bomba e a gravidade assegura que a bomba é automaticamente escorvada, uma vez que o líquido tende a fluir para a bomba e a inundar a câmara. Como este "Jugaad" requer uma bala, não é acessível a todos os agricultores na Índia.

| Especificações do pulverizador montado em motociclo: | Imagem de pulverizador montado em motociclo: |
| --- | --- |
| Capacidade : 70 litros<br>Potência necessária : Potência de Motor 5 CV<br>Peso da montagem: Não Especificado<br>Capacidade do campo: 1,5 acres/hora | |

**Tabela: 2.8Figura e especificação do pulverizador montado em motociclo**

## 2.5 Levantamento de campo: Para compreender a necessidade de desenvolvimento do projeto.

Como ainda não existe uma máquina deste tipo em lado nenhum, isto pode poupar energia humana, tempo e dinheiro. Por conseguinte, é essencial saber quais são as necessidades práticas das pessoas no terreno. Assim, foi feita uma interação com alguns aldeões que nos ajuda a identificar as suas necessidades reais. Seguem-se algumas sugestões importantes a ter em conta dadas por pessoas altamente experientes.

### a. Interação com uma pessoa com mais de 25 anos de experiência na agricultura

Segundo ele, é necessário desenvolver uma máquina que possa reduzir o esforço humano durante a pulverização. Segundo ele, depois de pulverizar continuamente durante cinco a seis horas por dia, é muito doloroso para as mãos e para as costas.

### b. Interação com uma pessoa com mais de 20 anos de experiência na agricultura

Segundo ele, há um consumo muito elevado de querosene quando se utiliza uma bomba de pesticidas movida a combustível, o que aumenta indiretamente o custo de produção. Além disso, são instrumentos muito ruidosos que afectam a capacidade auditiva do ser humano.

### c. Interação com uma pessoa com mais de 15 anos de experiência na agricultura.

Afirmou que as pessoas que residem na sua área estão a enfrentar o problema de saúde causado por insecticidas e pesticidas. Por isso, recomendou o desenvolvimento de uma máquina que evite o contacto direto e que seja muito fácil de operar com menos esforço.

Depois de interagir com todas as pessoas acima mencionadas, observou-se que todos enfrentam problemas comuns na pulverização de insecticidas e pesticidas, que são apresentados a seguir.

a. Escassez de mão de obra

b. Trabalho muito agitado

c. Trabalho moroso

d. Salários elevados da mão de obra

e. Consumo de querosene, gasóleo, etc.

Ao concentrar estes pontos principais, verifica-se que tanto as populações rurais como as urbanas necessitam de uma máquina ajustável múltipla que possa ser operada por uma única pessoa com muito menos esforço e que também seja barata e consuma menos tempo, para que se possa poupar não só energia mas também dinheiro.

# CAPÍTULO 3
## FORMULAÇÃO DO PRESENTE TRABALHO

Este capítulo destaca o conceito subjacente à formulação do presente trabalho, que resolveria o problema existente na tecnologia atual, e os passos necessários para realizar a solução proposta. A ideia para desenvolver a máquina proposta é explicada de forma sistemática no próximo artigo.

## 3.1 ESTADO ACTUAL DA ARTE DOS PESTICIDAS MÁQUINA DE PULVERIZAÇÃO

O atual estado da arte do processo de pulverização de pesticidas é descrito a seguir,

Existem muitos tipos de métodos utilizados para pulverizar pesticidas, que incluem

1. Máquina de pulverização de pesticidas operada manualmente
2. Máquina de pulverização de pesticidas a combustível
3. Máquina de pulverização de pesticidas de funcionamento manual e mecanizado

No processo de pulverização com ajuda humana, a pulverização é efectuada com a ajuda de pulverizadores portáteis. Uma pessoa segura continuamente o pulverizador enquanto pulveriza o pesticida e tem de percorrer o caminho onde a pulverização deve ser efectuada. Enquanto no processo de pulverização assistida por veículo motorizado, um tanque cheio de pesticida é colocado no veículo ou transportado pelo veículo e a pulverização é efectuada com a potência do motor através de alguns mecanismos adequados. E o terceiro processo criou conceitos recentemente desenvolvidos, mas requer tanto humanos como alguns mecanismos, mas o sistema não é estável. Se observarmos cuidadosamente o primeiro processo, podemos encontrar as seguintes limitações,

1. Este processo provoca cansaço nas mãos,

2. Como se trata de um processo contínuo, produz fadiga mental.

3. É um processo moroso e trabalhoso, pelo que ninguém o quer fazer.

Por outro lado, no segundo processo, foram detectadas as seguintes limitações, que são discutidas a seguir,

1. A necessidade de fontes não convencionais, como a gasolina, o gasóleo, etc., é um pré-requisito para o veículo e os mecanismos de pulverização.

2. O custo do processo de pulverização com o auxílio de uma máquina é bastante elevado.

3. Requer mão de obra qualificada, bem como tecnologia bem desenvolvida.

Por outro lado, no terceiro processo, foram detectadas as seguintes limitações, que são discutidas a seguir,

1. O fabrico destas máquinas não passa de Jugaad e não está facilmente disponível no mercado.

2. Mais uma vez, a assistência técnica e a manutenção são bastante difíceis.

3. Estas máquinas não são estáveis e não são adequadas para utilização na agricultura.

## 3.2 SOLUÇÃO PROPOSTA EM RELAÇÃO AO ESTADO ACTUAL DA ARTE

Neste artigo, é explicada uma proposta de solução para o atual estado da arte. A solução é a evolução de uma máquina única, que funcionaria com a ajuda da energia humana. Um diagrama esquemático é apresentado na Figura 3.1.

A pulverização de pesticidas é desenvolvida tendo em consideração apenas a força humana. Este mecanismo é desenvolvido como uma máquina de empurrar. Neste caso, a força humana é exercida sobre a máquina através da mão, que é utilizada para mover a máquina de quatro rodas com a quinta roda. Devido à rotação da quinta roda, é gerada alguma energia que é transferida para a bomba de pressurização através de dois accionamentos por corrente. A bomba aspira a água do tanque através da entrada e pressuriza-a até à pressão ideal no pistão de duas vias e é armazenada na concha de pressão. Esta água passa então através de um tubo e é fornecida a seis bicos de panela plana. Estes bicos de bandeja plana pulverizam o pesticida uniformemente numa vasta área.

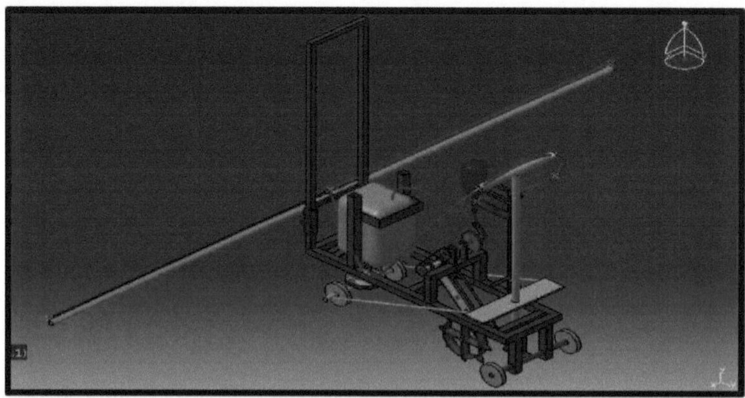

**Figura 3.1 Modelo CAD de uma máquina de pulverização de pesticidas com acionamento manual ajustável (VISTA ISOMÉTRICA)**

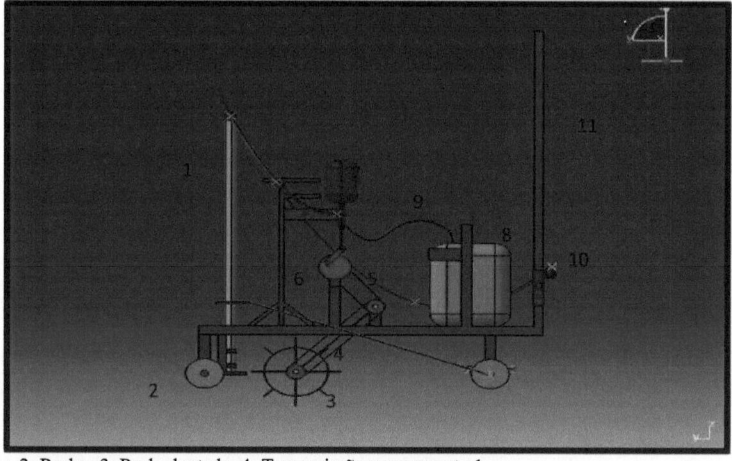


1: Punho, 2: Rodas, 3: Roda dentada, 4: Transmissão por corrente 1,

5: Acionamento por corrente 2, 6: Mecanismo de excêntricos, 7: Bomba recíproca,

8: Tanque de armazenamento, 9: Tubos, 10: Lança com bocais, 11: Haste de suporte para ajuste da lança

**Figura 3.1 Pormenor de uma máquina de pulverização de pesticidas com acionamento manual ajustável.**

## 3.3 . Detalhe da máquina de pulverização de pesticidas com acionamento manual ajustável.

As figuras acima descrevem a solução para o problema atual através de um modelo CAD. O modelo é composto por várias partes, tal como referido na figura 3.2. Esta solução tem um funcionamento simples, como se descreve a seguir.

Quando uma pessoa empurra esta máquina através da pega (1), toda a máquina se move na direção da frente utilizando quatro rodas (2). À medida que a máquina se move na direção da frente, a quinta roda dentada livre também se move com a máquina. À medida que esta roda dentada (3) se desloca, os seus dentes engatam na terra, criando assim potência. Esta rotação da roda transfere esta potência para a bomba recíproca (7) através de duas correntes (4) e (5) e depois através do mecanismo de came (6). À medida que a roda dentada roda, duas transmissões de corrente rodam, o que faz rodar o mecanismo de came, que gera um movimento recíproco para o pistão da bomba. Ao funcionar, a bomba aspira a mistura de pesticida e água do depósito de armazenagem (8) através dos tubos (9), o que pressuriza a bomba. Quando necessário, este pesticida é passado através de bicos de panela plana ligados à barra (10). A altura desta barra com bocal pode ser ajustada ajustando a altura da barra no suporte da barra (11).

Desta forma, a pulverização de pesticidas pode ser efectuada para vários tipos de calças de várias alturas.


## 3.4 UMA ABORDAGEM PARA O DESENVOLVIMENTO DE UMA MÁQUINA DE PULVERIZAÇÃO DE PESTICIDAS AJUSTÁVEL E ACCIONADA MANUALMENTE:

A proposta de uma máquina de pulverização de pesticidas com acionamento manual e ajustável pode ser desenvolvida utilizando o seguinte procedimento.

Em primeiro lugar, decidiu-se utilizar uma bomba externa de duas vias com uma pressão de trabalho de 2,5 $kg/cm^2$ para cobrir uma área de um metro na horizontal. A dimensão externa foi decidida tendo em conta a distância horizontal entre duas culturas e a altura média das plantas. Agora, para a produção de energia, decidiu-se utilizar a quinta roda como roda de produção de energia. Mais uma vez, o inconveniente da superfície irregular é tomado em consideração aquando da conceção da montagem da quinta roda. Esta transmissão de energia da quinta roda para a bomba é gerada através de um mecanismo de manivela que utiliza um mecanismo de acionamento por corrente. Após o fabrico de todos os conjuntos de acordo com as necessidades, o reservatório, os tubos e outros acessórios são concebidos ou adquiridos.

# CAPÍTULO 4

## CONCEPÇÃO E DESEMPENHO DE SISTEMAS AJUSTÁVEIS

## PULVERIZAÇÃO MANUAL DE PESTICIDAS COM EMPURRADOR

### MÁQUINA

Qualquer máquina requer um procedimento de conceção adequado para funcionar de forma satisfatória e sem falhas. Uma conceção adequada garante a vida útil máxima de uma máquina com dimensões e componentes ideais para suportar a carga durante toda a sua vida útil. A este respeito, no próximo artigo é explicado um procedimento de conceção completo que inclui 1) estimativa da força de acionamento exigida 2) conceção dos componentes da máquina com base na força de carga estimada 3) cálculo do desempenho da máquina para obter resultados.

## 4.1 ESTIMATIVA DA FORÇA MOTRIZ DA PROCURA

É necessário calcular a força de tração da máquina para verificar se a força de tração necessária para empurrar a máquina está dentro do limite admissível de uma força de tração humana média.

Para o cálculo da força de tração exigida pela máquina, é importante calcular 1) a força necessária para vencer a resistência ao rolamento de toda a máquina, 2) a força para vencer a resistência ao declive da máquina, 3) a força para acelerar o equipamento até atingir a sua velocidade máxima de funcionamento, 4) a força para vencer a resistência devida à quinta roda geradora de energia.

Assim, a força de tração total é dada por

Força de tração total = força necessária para vencer a resistência ao rolamento da máquina + força para vencer a resistência ao declive da máquina + força para acelerar o equipamento de modo a obter a sua velocidade máxima de funcionamento + força para vencer a resistência devida à quinta roda geradora de energia ------------------------------------------------------------------------------[A]

# Força necessária para vencer a resistência ao rolamento de toda a máquina

A resistência ao rolamento (RR) é a força necessária para impulsionar um veículo numa determinada superfície. A força necessária para superar a resistência ao rolamento é gerada devido à carga que actua sobre as rodas e ao atrito entre as rodas e a superfície. Por isso, é necessário calcular o peso bruto do veículo e estudar o atrito da superfície entre as rodas e o solo.

O peso da máquina é calculado diretamente através da pesagem da máquina e o atrito superficial é retirado da tabela 4.1.

Os cálculos são os seguintes:

$$RR\ [Kg] = GVW\ [Kg] \times Crr\ [-]$$

Onde:

RR = resistência ao rolamento [Kg]

GVW = peso bruto do veículo [Kg]

Crr = atrito superficial (valor do quadro 4.1)

| Superfície de contacto | CiT |
|---|---|
| Betão (bom / razoável / mau) | .010/.015/.020 |
| Asfalto (bom / *razoável* / mau) | .012/ .017/ .022 |
| Madeira (seca/empoeirada/húmida) | .010/.005/.001 |
| Neve (2 polegadas /4 polegadas) | .025 / .037 |

| | |
|---|---|
| Terra (lisa / arenosa) | .025 / .037 |
| Lama (firme / média Z macia) | .037/.090 / .150 |
| Relva (firme / macia) | .055/ .075 |
| Areia (firme ¡macia / duna) | .060/ .150 / .300 |

**Tabela 4.1: Resistência ao rolamento para rodas de borracha**

Cálculos:

RR [Kg] = GVW [Kg] x Crr [-] = 70 x 0,09Crr    = Considerando
Lama média

RR [Kg] = 6.3 Kg------------------------------------------------ (1)

## Força necessária para superar a resistência de grau de toda a máquina

A resistência ao piso (GR) é a quantidade de força necessária para mover um veículo num declive ou "piso". Este cálculo deve ser efectuado utilizando o ângulo ou a inclinação máxima que o veículo deverá subir em funcionamento normal.

Para converter o ângulo de inclinação, a, em resistência de inclinação:

GR [Kg] = GVW [Kg] x sin (a)

Onde:

GR = resistência de grau [Kg]

GVW = peso bruto do veículo [Kg] a = ângulo de inclinação máximo [graus]

Cálculos:

GR [Kg] = GVW [Kg] x sin (a)

$$= 70 \text{ x } \sin (10)$$

Considerar para a = 10 graus

GR [Kg] = 12.15 Kg------------------------------------------ (2)

## Força necessária para acelerar até à velocidade máxima de todo o corpo

A Força de Aceleração (FA) é a força necessária para acelerar de uma paragem até à velocidade máxima num tempo desejado.

Considerar que a velocidade máxima atingida pela máquina é de 10m/s em 10 segundos.

$$FA \ [Kg] = GVW \ [Kg] \text{ x } Vmax \ [m/s] \ / \ 9{,}8 \ [m/s^2 \ ] \text{ x } ta \ [s]$$

Onde:

FA = força de aceleração [Kg]

GVW = peso bruto do veículo [Kg]

Vmax = velocidade máxima [m/s]

ta = tempo necessário para atingir a velocidade máxima [s]

Cálculos:

Considerar que a velocidade máxima atingida pela máquina é de 10m/s em 10 segundos.

$$FA \ [Kg] = GVW \ [Kg] \text{ x } Vmax \ [m/s] \ / \ 9.8 \ [m/s^2] \text{ x } ta \ [s]$$
$$= 70 \text{ x } 0.1666 \ / \ 9.8 \text{ x } 10$$

FA [Kg] = 0.119 Kg-------------------------------------------------- (3)

## Força necessária para acelerar ou empurrar a roda dentada

A roda dentada é utilizada para acionar o cilindro do pistão através de uma transmissão para gerar uma pressão de 2,5 kg/cm$^2$ ou 0,25 N/m$^2$ pressão máxima (P) (calculada a seguir). Assim, a força contrária que actua sobre o ser humano consiste em superar as forças que actuam sobre a quinta roda, que não são mais do que as forças que se exercem sobre ela desde o pistão até à quinta roda.

A força gerada na quinta roda é a força de pressão que está em estado de compressão no pistão para a quinta roda através do mecanismo de came e da transmissão por duas correntes.

Para calcular a força na roda, temos de efetuar o cálculo em condições inversas, incluindo perdas na transmissão. A transmissão inclui dois accionamentos por corrente e um acionamento por came com alguma resistência ao atrito no interior do pistão.

Cálculos:

(a) Calcular a força no pistão:

A força (Fa) no pistão não é mais do que a força na haste do pistão Di. Sabemos que a força que actua na haste do pistão é

$$Fa = \left(\frac{\pi}{4}\right) \times Di^2 \times P$$

$$= \left(\frac{\pi}{4}\right) \times 38^2 \times 0.25$$

$$= 283.52 \text{ N or } 28.3 \text{ Kg} \text{-----------------------------------------------} (i)$$

| Máquina | Eficiência típica |
| --- | --- |
| Accionamentos por correia trapezoidal | 95% |
| Condutores de automóveis | 95% |
| Bases de dados em polivinil ou em ripas | 97% |
| Cinturão plano conduz a urze ou borracha Núcleo de nylon | 93%<br>95% a 99% |
| Velocidade variável, com mola, ampla gama<br>Accionamentos por correia trapezoidal<br>Cornpound drive | 80% a 90%<br>75%a9D% |
| Acionamento por came de reação | 95% |

| | |
|---|---|
| Redutor de engrenagens helicoidais Fase simples Fase dupla | 95% 96% |
| Redutor de engrenagens 'A'omt Rácio 10:1 rácio 25:1 Rácio 6D:1 | 86% 82% 66% |
| Corrente de rolos | 95% |
| Ls-ada-crew, ângulo de hélux de 6D graus | 65% portanto B5% |
| Acoplamento flexível, tipo de cisalhamento | 99%+- |

**Tabela: 4.2Eficiências típicas de transmissão de energia padrão consideradas nas indústrias**

## (a) Calcular a força devida ao conjunto cilindro-pistão, incluindo as perdas por atrito no pistão:

Considere que existe um total de 1% de perdas por atrito no conjunto cilindro-pistão.

Assim, estas perdas por fricção de 1% são

= Força total no conjunto do pistão x 1 por cento de perda

= 28.3 x 0.01

= 0,283 kg de força resistirá à ação do pistão.

Assim, a força total que actua devido ao conjunto cilindro-pistão é

Fb = Força total que actua sobre o pistão + Força devido ao atrito no conjunto = 28,3 + 0,283

$$Fb = 28.583 \ Kg \text{------------------------------------------------------------ (ii)}$$

### (b)Calcular a força devida às perdas de transmissão devido ao mecanismo de excêntricos.

As perdas adicionais adicionadas devido ao mecanismo da came não são mais do que a perda de força de transmissão da came adicionada à força total no conjunto do pistão. A partir da tabela 4.2, a perda total de transmissão considerada devido ao mecanismo de came é de 5 por cento

Assim, a força total Fc atuante, incluindo as perdas de transmissão devidas ao mecanismo de came, é

Fc= Fb + Perdas de transmissão devido ao mecanismo de came

$$= Fb + (Fb \times 5\%)$$

$$= Fb + (Fb \times \frac{5}{100})$$

$$= 28.583 + (28.583 \times \frac{5}{100})$$

Fc =30.00 kg------------------------------------------------------------ (iii)

**(c) Calcular a força devida às perdas de transmissão devido ao primeiro mecanismo de acionamento por corrente.**

As perdas adicionais adicionadas devido ao primeiro mecanismo de transmissão por corrente não são mais do que a perda de força de transmissão por corrente adicionada à força total no conjunto da came. A partir da tabela 4.2, a perda total de transmissão considerada devido à corrente é de 2 por cento

Assim, a força total Fd que actua devido às primeiras perdas de transmissão do mecanismo de transmissão por corrente é

Fd= Fc + Perdas de transmissão devido ao mecanismo de came

$$= Fc + (Fc \times 2\%)$$

$$= Fc + (Fc \times \frac{2}{100})$$

$$= 30.00 + (30.00 \times \frac{2}{100})$$

Fd=30.60 kg---------------------------------------------------------------- (iv)

**(d) Calcular a força devida às perdas de transmissão devido ao segundo mecanismo de acionamento por corrente.**

As perdas adicionais adicionadas devido ao segundo mecanismo de transmissão por corrente não são mais do que a perda de força de transmissão por corrente adicionada à força total no primeiro conjunto de transmissão por corrente. A partir do quadro 4.2, a perda total de transmissão considerada devido à corrente é de 2%.

Assim, a força total Fe que actua devido às primeiras perdas de transmissão do mecanismo de transmissão por corrente é

Fe= Fd + Perdas de transmissão devidas ao primeiro mecanismo de transmissão por corrente

$= Fd + (Fd x 2\%)$

$= Fd + (Fd x \frac{2}{100})$

$= 30.60 + (30.60 \text{ x } \frac{2}{100})$

Fe =31.21 kg------------------------------------------------------------------ (v)

Todas estas forças actuantes são agora utilizadas para resistir ao mecanismo de rolamento da quinta roda. Por conseguinte, é necessário ter em conta estas perdas ao calcular a força de tração total.

**Assim, a força total que actua devido ao conjunto do prato de engate, incluindo todas as perdas de transmissão, é dada por**

Assim, a força de tração total é dada por

FB [Kg] = 31.21 Kg------------------------------------------------------- (4)

Força de tração total = força necessária para vencer a resistência ao rolamento da máquina + força        para vencer a resistência ao declive da máquina +
força para acelerar o equipamento de modo a obter a sua velocidade máxima de funcionamento + força para vencer a resistência devida à quinta roda geradora de energia ------------------------------------------------------------------------[A]

TTE [Kg] = RR [Kg] + GR [Kg] + FA [Kg] + FB [Kg]

        $= 6.3 + 12.15 + 0.119 + 31.21$

TTE [Kg] = 49,77 Kg

        $= 49,77 \text{x } 9,81 \text{ N}$

TTE [N] = 488,33 N

De acordo com Waldevar Kanwowski e William S. Marros no livro eletrónico "The Occupational Ergonomics Handbook", uma pessoa média pode exercer uma força de empurrão máxima de 640 N.

E, de acordo com o nosso cálculo, a força de empurrão total, considerando todos os factores, é calculada como 488,33N.

As488.33N < 640N

Ou seja, uma pessoa média pode exercer uma força de tração máxima >força de tração total para esta máquina.

Assim, a nossa máquina é facilmente funcional, tendo em conta todos os factores ergonómicos.

## 4.2 CONCEPÇÃO DOS COMPONENTES DA MÁQUINA UTILIZADOS NA MÁQUINA ACTUAL

Decidiu-se utilizar uma bomba externa de movimento alternativo com uma pressão de trabalho *de 2,5 kg/cm²* . Mas a bomba está disponível em vários tamanhos e é feita de várias espessuras, pelo que a sua seleção é importante e o cálculo das várias forças exercidas nos seus componentes é essencial. Mais uma vez, são utilizados vários veios na nossa máquina, pelo que a sua conceção é importante. Todos estes cálculos são explicados em pormenor a seguir.

### 4.2.1 Conceção dos componentes da bomba

Decidiu-se utilizar latão amarelo para o fabrico da bomba, uma vez que não altera as propriedades dos pesticidas químicos. Decidiu-se utilizar uma bomba normalizada com um diâmetro interior de 38 mm, pelo que o cálculo da determinação da espessura e das várias tensões desenvolvidas é apresentado de seguida.

**Referência utilizada: Exemplo 7.11, Página n° 239, A Textbook of Machine Design por R.S.KHURMI e J.K.GUPTA**

Temos

di= 38 mm (diâmetro interior)

ri = 19 mm

P= 0,25 N/mm²

Da DDB, Quadro n.o II-9, Página n.o 43 para o latão amarelo,

$\sigma_t = S_{yt} = 69 \ \text{N/mm}^2$

$\sigma_p = S_{ut} = 69 \ \text{N/mm}^2$

1) Conceção do Cilindro

Seja do = diâmetro externo do cilindro t = espessura do cilindro

$$t = ri \times [\sqrt{\frac{\sigma_t + p}{\sigma_t - p}} - 1]$$

$$= 19 \times \sqrt{\frac{69 + 0.25}{69 - 0.25}} - 1]$$

t = 0.0689 mm

Assim,　　o diâmetro exterior do cilindro é do = di+2t = 38,145 mm

Mas, por razões de segurança e de disponibilidade, utilizámos um cilindro normalizado com a especificação

di= 38mm, t= 2mm.

2) Conceção da haste do pistão

Seja dp = diâmetro da haste do pistão

Sabemos que a força que actua na haste do pistão

$$F = \frac{\pi}{4} \times di^2 \times p$$

$$= \frac{\pi}{4} \times 38^2 \times 0.25$$

F = 283.52 N------------------------------------------------- (1)

Também sabemos que a força que actua na haste do pistão é

$$F = \frac{\pi}{4} \times dp^2 \times \sigma_{tp}$$

$$= \frac{\pi}{4} \times dp^2 \times 69 \ \text{N}$$------------------------------------------------- (2)

Comparação de (1) e (2)

Obtemos dp =2,28 mm

Por razões de segurança e de disponibilidade normal, utilizámos uma haste de pistão com um diâmetro dp= 14 mm.

3) Conceção do pino da dobradiça

Seja dh = diâmetro da dobradiça da haste do pistão

Sabemos que a carga no pino da dobradiça = força que actua na haste do pistão e que o pino da dobradiça está em duplo cisalhamento, portanto

$$F = 2 \times \frac{\pi}{4} \times dh^2 \times \tau$$

De (1), F = 283,52 N e considerando N/mm $\tau = 45^2$

$$283.52 = 2 \times \frac{\pi}{4} \times dh^2 \times 45$$

$$dh = 2 \text{ mm}$$

Adoptámos dh= 2mm por ser o padrão disponível no mercado.

## 4.2.  2Designação da segurança da bomba.

Sabemos que a bomba só será segura se a tensão máxima induzida no cilindro de latão for inferior à tensão de corte admissível do metal de latão.

**Referência utilizada: Exemplo 7.2, Página nº 228, A Textbook of Machine Design por R.S.KHURMI e J.K.GUPTA**

(1)  Tensão do arco

Sabemos que a tensão de arco é dada por

$$\sigma_{t1} = \frac{p \times d}{2 \times t}$$

$$\sigma_{t1} = \frac{0.25 \times 40}{2 \times 2}$$

$\sigma_{t1} = 2.5 \text{ N/mm}^2$ ------------------------------------------------------- (1)

(2)  Tensão longitudinal

Sabemos que a tensão longitudinal é dada por

$$\sigma_{t2} = \frac{p \times d}{4 \times t}$$

$$\sigma_{t2} = \frac{0.25 \times 40}{4 \times 2}$$

$\sigma_{t2} = 1.25 \text{ N/mm}^2$ ----------------------------------------------------- (2)

(3)  Tensão de cisalhamento máxima

De acordo com a teoria da tensão de corte máxima, a tensão de corte máxima é metade da diferença algébrica da tensão principal máxima e mínima desenvolvida no interior do cilindro.

Uma vez que a tensão principal máxima = tensão nos arcos e a tensão
principal mínima = tensão longitudinal

Assim, a tensão de corte máxima

$$(\tau_{max}) = \frac{\text{hoops stress} - \text{longitudinal stress}}{2}$$

$$\tau_{max} = \frac{\sigma_{t1} - \sigma_{t2}}{2}$$

$$\tau_{max} = \frac{2.5 - 1.25}{2}$$

$$\tau_{max} = 0.625 \ \text{N/mm}^2$$

De acordo com a DDB, sabemos que, para o latão, a tensão de corte admissível $S_{ys} = 61 \ \text{N/mm}^2$

As, *(τ max)* **Induzida no cilindro de latão** < *($S_{ys}$* **) Tensão de cisalhamento permitida do latão**

Por isso, a nossa conceção da montagem do cilindro de pistão é segura.

## 4.2.  3Desenho de veios.

Utilizámos veios de material C45, ou seja, carbono. Conhecemos o diâmetro e a força que actua sobre ele. Agora é necessário provar que é seguro para flexão e cisalhamento. Os cálculos são os seguintes: temos,

Material do veio = C45

Diâmetro do veio D = 25 mm

Comprimento do veio L = 110 mm

Carga que actua no veio (F) = 70 Kg = 700 N

(A)  Verificação da tensão de corte

Agora Momento de torção (T) = F x R

$$= 700 \times 12.5 \text{-----------------------------------} (1)$$

Mais um momento de torção $(T) = \frac{\pi}{16} \times \tau_{induced} \times D^3$

$$= \frac{\pi}{16} \times \tau_{induced} \times 25^3 \text{---------------------------} (2)$$

Comparação de (1) e (2)

Obtemos, $r_{induced} = 2{,}85 \text{ N/mm}^2$

Agora, para o veio, considere F.O.S = 3

Do quadro II-7 da DDB, página nº 39, temos

$$\tau_{allowable} = S_{ys} = 170 \text{ N/mm}^2$$

Now $\frac{\tau_{allowable}}{F.O.S} = \frac{170}{3} = 56.66 \text{ N/mm}^2$

As $2.85 \text{ N/mm}^2 < 56.66 \text{ N/mm}^2$

i.e. $\tau_{induced} < \frac{\tau_{allowable}}{F.O.S}$

Assim, o nosso projeto para um diâmetro de veio de 25 mm é seguro em termos de cisalhamento.

    (A)    Verificação da tensão de flexão Sabemos que

$$\frac{M}{I} = \frac{\sigma_{b\ induced}}{Y}$$

Momento fletor do veio $(M) = \frac{W \times L}{4}$

$$= \frac{700 \times 110}{4}$$

$$M = 19250 \text{ N/mm}$$

Momento de inércia do veio $(I) = \frac{\pi}{32} \times D^4$

$$= \frac{\pi}{32} \times 25^4$$

$$= 38349.51 \text{ mm}$$

$$Y = \frac{D}{2} = \frac{25}{2} = 12.5 \text{ mm}$$

Então,

$$\frac{M}{I} = \frac{\sigma_{b\ induced}}{Y}$$

$$\frac{19250}{38349} = \frac{\sigma_{b\ induced}}{12.5}$$

$\sigma_{induced} = 6.27\ \text{N/mm}^2$

Do quadro II-7 da DDB, página n° 39, temos

$\tau_{allowable} = S_{eb} = 286\ \text{N/mm}^2$

Now $\frac{\tau_{allowable}}{F.O.S} = \frac{286}{3} = 95.33\ \text{N/mm}^2$

As $6.27\ \text{N/mm}^2 < 95.33\ \text{N/mm}^2$

i.e. $\tau_{induced} < \frac{\tau_{allowable}}{F.O.S}$

Assim, a nossa conceção para o diâmetro do veio de 25 mm é segura também na flexão.

# 4.3 CÁLCULO DO DESEMPENHO DA MÁQUINA DE PULVERIZAÇÃO DE PESTICIDAS

A fim de obter o desempenho da máquina, efectuámos ensaios da nossa máquina num terreno de 10 m. Como a nossa máquina tem 1 m de largura e o terreno tem 10 m de comprimento, a máquina cobre uma área de 10 m² numa única operação. Efectuámos cinco leituras deste tipo e, ao calcularmos a média do tempo e a produção volumétrica da máquina, descobrimos as características de desempenho.

| Sr. não. | Tempo | Saída do bico em ml | | | | | |
|---|---|---|---|---|---|---|---|
| | Sec | 1 | 2 | 3 | 4 | 5 | 6 |
| 1 | 27 | 38 | 40 | 41 | 39 | 40 | 40 |
| 2 | 25 | 43 | 42 | 40 | 40 | 38 | 38 |
| 3 | 24 | 41 | 39 | 42 | 43 | 41 | 41 |
| 4 | 25 | 40 | 43 | 39 | 40 | 39 | 40 |
| 5 | 25 | 40 | 41 | 41 | 40 | 40 | 42 |

| Média | 25.2 | 40.4 | 41 | 40.4 | 40.6 | 39.6 | 40.2 |
|---|---|---|---|---|---|---|---|

**Tabela: 4.3 Leituras para cálculos de desempenho**

(1) Cálculo da capacidade para um hector de terra

Assim, a produção total da máquina de pulverização para uma média de 25,2 segundos é

$$= 40.4 + 41 + 40.4 + 40.6 + 39.6 + 40.2$$

$$= 242,2 \text{ ml para uma área de } 10m^2$$

Agora, para um hector ou 10000 $m^2$ área total de produção da máquina será

$$= \frac{242.2 \times 10000}{10}$$

$$= 242200 \text{ ml or } 242.2 \text{ liters}$$

Por conseguinte, será necessário um total de 242,2 litros de mistura de pesticida e água para completar um hector de terreno agrícola. Como a capacidade da máquina é de 20 litros, é necessário reabastecer o depósito 12 vezes para completar um hector de terreno.

(2) Cálculo do tempo para um hector de terra

Agora, o tempo médio para cobrir uma área de 10 m em$^2$ é de 25,2 segundos.

Agora, para um hector ou 10000 $m^2$ área, o tempo total necessário será

$$= \frac{25.2 \times 10000}{10}$$

$$= 25200 \text{ seconds or 7 hours.}$$

Assim, a máquina levará um total de 7 horas para completar 1 hector de terra.

Ao mesmo tempo, serão necessários 12 reabastecimentos em 7 horas.

Por conseguinte, o tempo necessário para encher um depósito será

$$= \frac{7}{12}$$

= 0.58 hrs. Or35 min

Por conseguinte, a máquina demorará um total de 7 horas para completar 1 hector de pulverização e 35 minutos para reabastecer um depósito após o seu consumo total.

# CAPÍTULO 5

## FABRICO DE EMPURRADOR MANUAL REGULÁVEL
## MÁQUINA DE PULVERIZAÇÃO DE PESTICIDAS OPERADA

Este capítulo aborda o fabrico e a montagem das diferentes partes da máquina. As peças da máquina são fabricadas após a determinação das dimensões das peças da máquina. O trabalho de conceção é mais lógico e referido como um trabalho altamente técnico que envolve a seleção das propriedades dos materiais, a determinação dos tamanhos e das dimensões dos componentes da máquina. Mas quando se converte o desenho em peças reais, parece ser muito fastidioso. Por isso, o fabrico é considerado um processo muito importante e crucial, que deve ser efectuado de forma sistemática e de acordo com as normas especificadas. Caso contrário, a máquina pode falhar. No entanto, os próximos artigos tratam do fabrico de peças individuais de uma máquina de pulverização de pesticidas ajustável, accionada manualmente por empurrão.

## 5.1 FABRICO DA ESTRUTURA DA CARROÇARIA:

O primeiro passo importante no fabrico de diferentes peças é a construção da estrutura da máquina de pulverização de pesticidas. As dimensões da estrutura devem ser mantidas de modo a poder suportar a carga do tanque de pesticidas e o tamanho da estrutura deve ser suficientemente pequeno para que a máquina possa passar por passagens estreitas entre duas fábricas. Basicamente, a estrutura de base é formada pela soldadura de pequenas unidades de varas quadradas que são cortadas numa máquina de serra. A estrutura de base é feita de modo a formar uma forma retangular para ser encaixada entre duas fábricas. Também consiste num suporte para o mecanismo da lança e em peças de suporte para os mecanismos mais pequenos, como se mostra na figura 5.1.

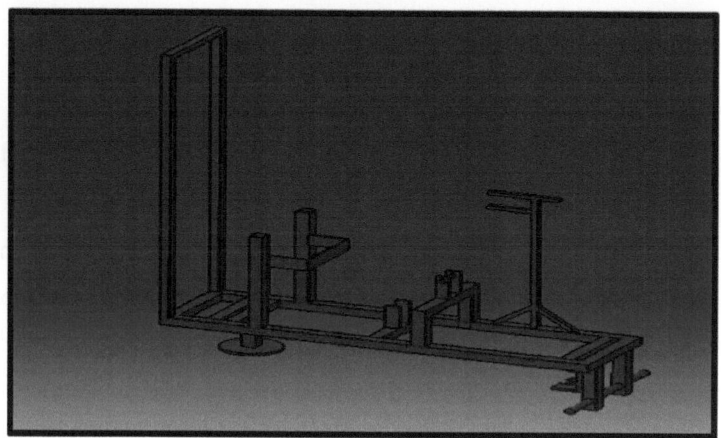

**Figura 5.1 Modelo CAD da estrutura**

### Especificação da armação:

Tubos quadrados = tubo tubular quadrado de 1,5" x 1,5" de calibre 12

Suporte da bomba = tubo quadrado de 20 mm de calibre 12

Material= Aço macio

Algumas placas de aço mils de 1" x 5mm de espessura são utilizadas conforme necessário

## 5.2  BOMBA

Esta unidade também está facilmente disponível no mercado. Utilizámos uma bomba facilmente disponível no mercado, uma vez que satisfaz todas as necessidades do nosso projeto. É mostrada na figura 3.2.

### Especificação da bomba:

Pressão de funcionamento= 2,2 kg/cm2

Material: Latão

a)  Êmbolo:

Diâmetro= 14mm

Comprimento= 130 mm

b)  Bloco de cilindros:

ID= 38 mm

OD= 40mm

Comprimento= 120mm

c)  Câmara de pressão:

Diâmetro= 90mm

Altura= 120mm

## 5.3  RODAS

As rodas também são facilmente adquiridas no mercado. Estas rodas são de borracha dura, especialmente concebidas para fins agrícolas.

**Especificação das rodas:**

Diâmetro= 200 mm

Largura= 50 mm

Eixo para rodas= 420 mm de comprimento e 25 mm de diâmetro

Anilhas: Diâmetro= 25 mm e OD= 37mm

Pino deslizante= 5mm de espessura

## 5.4  QUINTA RODA DENTADA

Esta roda é especialmente fabricada dobrando uma placa retangular de 40 mm de largura x 5 mm de espessura num anel circular. As rodas dentadas são depois fabricadas a partir de uma placa de 25 mm de largura, cortando-a em forma de ponta triangular. Em seguida, estas rodas dentadas são soldadas no anel circular e os seus raios são feitos de barras circulares de 25 mm com 7 mm de comprimento. Para simplificar, os raios são feitos planos.

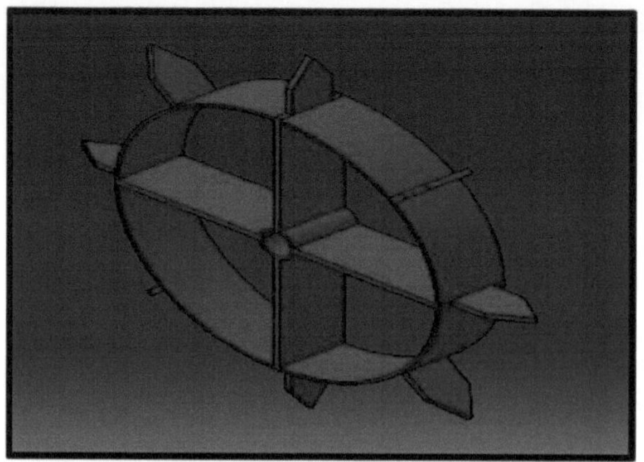

Figura **5.2 Modelo CAD da estrutura do prato de engate**

**Especificação das rodas:**

Diâmetro= 200 mm

Furo= 18 mm

Espessura do material= 5mm

Raio= 15 mm de diâmetro x 70 mm de comprimento

Material= Aço macio

## 5.5  CORRENTE E RODA DENTADA

A corrente e a roda dentada são compradas diretamente ao fabricante. Estão disponíveis com dimensões normalizadas e foram escolhidos apenas como meio de transmissão do agente. São os indicados na figura 3.2 acima.

**Especificação da roda dentada:**

OD= 60mm e ID= 56mm

Furo= 18mm

Altura dos dentes= 4mm

Número de dentes= 15

Espessura= 2mm para a primeira transmissão e 5mm para a segunda transmissão

**Especificação da corrente:**

Para a primeira transmissão, é utilizada a corrente normal da bicicleta e, para a segunda transmissão, é utilizada a corrente normal da bicicleta-bala.

## 5.6  MANIVELA E BIELA

A manivela e a biela constituem um meio de transferência de movimento do eixo da roda para a unidade de bombagem. São fabricados a partir do processo de fundição, seguindo as etapas mencionadas abaixo.

O processo de fundição envolve a elaboração de modelos, o condicionamento da areia e a preparação do molde.

**Processo de fabrico de moldes:** O molde é feito de acordo com o objeto final com algumas modificações porque é uma cópia do objeto final. Basicamente, ajuda a criar a cavidade no molde. O molde ajuda a formar a cavidade do molde. É utilizado um modelo de madeira com algumas tolerâncias adicionais, tais como tolerâncias de maquinagem, tolerâncias de retração, etc. O molde é construído numa máquina de torno com elevada precisão dimensional.

**Processo de condicionamento da areia:** É adicionada uma quantidade necessária de água à areia fina e, em seguida, esta areia é cortada com a ajuda de uma pá para permitir a passagem do ar através dela, o que é conhecido como processo de têmpera. Em seguida, adiciona-se o aglutinante de areia à areia.

**Processo de preparação do molde:** Para a preparação do molde, são utilizadas duas caixas, nomeadamente a de arrastamento e a de copeamento. Em primeiro lugar, os padrões do objeto (volante ou cubo de rolamento) são colocados na caixa de arrastamento, na placa de moldes e a areia é vertida na caixa de arrastamento. A areia é compactada no arrasto com a ajuda de um compactador manual. À volta do padrão, a compactação é feita com força, enquanto que no padrão a compactação é feita com ligeireza. Após a compactação, a caixa de copeiragem é colocada sobre a caixa de arrasto e certifica-se de que as duas caixas estão perfeitamente presas. Em seguida, a caixa de copeiragem é completamente preenchida com areia verde através da colocação de risers e de um copo de vazamento. Para além disso, é também batida para criar uma passagem para o metal fundido. Assim, o processo está concluído. As duas caixas são separadas e o padrão é retirado. As duas caixas são novamente montadas para confirmar a correspondência da impressão. Assim, o molde está pronto para verter o metal fundido.

**Derrame:** O metal fundido é derramado através de portões e foi confirmado que o metal fundido é corretamente derramado ou não com a ajuda de risers.

**Limpeza da peça fundida:** Esta operação de limpeza é efectuada através da remoção de areias aderentes, portões, risers e outros metais que não fazem parte da peça fundida.

O acabamento final da superfície da biela é efectuado com a ajuda de uma máquina de retificação.

## 5.7 SHAFTS

São projectados como indicado no ponto 4.2.5 e, de acordo com o projeto, são utilizados estes veios.

Os veios são fabricados a partir de peças cilíndricas de aço. Estas peças cilíndricas de aço podem ser adquiridas em qualquer oficina. Para o fabrico do veio, é adotado o seguinte procedimento

Um determinado comprimento de veio é cortado a partir de peças cilíndricas de aço. O comprimento dos veios é de 110 mm. O acabamento da superfície é efectuado com a ajuda de um torno mecânico. A operação de faceamento é efectuada nas duas extremidades de um veio. Ao mesmo tempo, é feita uma provisão nas duas extremidades, fornecendo pequenos orifícios cónicos de pequenas distâncias. Em seguida, estes furos são utilizados para segurar o veio entre a cabeça e a cauda. O trabalho é feito para girar em torno do eixo do torno e a ferramenta é alimentada paralelamente ao eixo do torno. Obtém-se uma superfície cilíndrica reta através de material extra da peça de trabalho. Para este efeito, selecciona-se uma ferramenta de torneamento à direita devidamente rectificada, que é fixada na coluna da ferramenta. Para cortes ligeiros, a ferramenta pode ser inclinada na direção do cabeçote. São dadas várias voltas para realizar os passos necessários no veio. Assim, é efectuado o fabrico de veios com 25 mm de diâmetro.

As suas especificações são as seguintes.

**Especificação dos veios:**

Diâmetro do veio= 25 mm

Comprimento dos veios= 110 mm

Material = C45

## 5.8  PEGA E MECANISMO DE DIRECÇÃO

A pega é simplesmente feita juntando um tubo oco numa secção em T, como se mostra na figura 3.2 acima. E o mecanismo de direção é desenvolvido para dar uma volta de 30 graus quando o manípulo é movido nos mesmos graus de ângulo.

**Especificação dos veios:**

Diâmetro do tubo utilizado= 25mm

Altura= 915mm

Largura= 450mm

Tração= Tração dianteira

Ângulo de direção= 30 graus

## 5.9 MONTAGEM DE BICOS E TUBOS NA BARRA DE PULVERIZAÇÃO

Os bicos, os tubos, a junção do ponto T e as tampas das extremidades estão facilmente disponíveis no mercado. A sua montagem correcta é feita com a ajuda de clipes Jubileu, que são utilizados para o ajuste dos bicos e para o mecanismo de fixação dos tubos. As suas especificações pormenorizadas são as seguintes

**Especificação dos bocais:**

Os bicos utilizados são FFN (Flat Fan Nozzles). Pulverizam de forma espalhada. A sua área de cobertura depende da altura dos bicos em relação ao solo.

**Especificação da junção do ponto T:**

É utilizada uma junção em T de cobre normal

**Especificação dos tubos:**

ID= 8mm

OD= 10mm

Material= Tubo de PVC entrançado com arame

**Especificação das tampas de extremidade:**

São utilizadas tampas de extremidade normalizadas feitas de cobre.

## 5.10 EMBRAIAGEM E SEU MECANISMO

O mecanismo de embraiagem desempenha um papel importante no nosso modelo para fins de pulverização controlada. Este mecanismo também está facilmente disponível no mercado como gatilho. Quando engatamos a embraiagem, esta permite que o pesticida flua dos tubos e quando desengatamos a embraiagem, o fluxo no interior do tubo pára. As suas especificações são as seguintes.

**Especificação da embraiagem:**

Gatilho= ON-OFF com mola

Dimensões da mola:

ID= 5mm,

Comprimento= 25mm, e casquilho de borracha na parte inferior

## 5.11 TANQUE DE ARMAZENAMENTO

O depósito de armazenamento também está facilmente disponível no mercado. Este depósito de PVC é utilizado porque não reage com os pesticidas. As suas especificações são as seguintes

**Especificação do tanque:**

Capacidade= 20 litros

Material= PVC

## 5.12 MONTAGEM DE UMA MÁQUINA DE PULVERIZAÇÃO DE PESTICIDAS COM ACCIONAMENTO MANUAL AJUSTÁVEL

A montagem da máquina de pulverização de inseticida operada manualmente por pressão é feita da seguinte forma.

Inicialmente, a estrutura é fabricada e o depósito é colocado na parte da frente. Em seguida, são-lhe fixadas quatro rodas e uma pega para tornar o sistema estável e horizontal. Em seguida, a bomba é fixada à estrutura a uma certa altura e, de acordo com o comprimento do pistão, o mecanismo de came é ajustado para obter o alinhamento correto. Agora, a quinta roda é colocada livremente na estrutura com a ajuda do seu punho. Em seguida, a corrente de transmissão é montada nela para que a potência da quinta roda livre seja transferida para o mecanismo de came que, por sua vez, é transferido para a bomba. Agora, a entrada para a bomba é retirada do tanque de armazenamento através de um tubo com filtro. E a saída desta bomba é fornecida aos bicos através do mecanismo de tubo através do sistema de embraiagem, como se mostra na figura. O conjunto completo é apresentado a seguir.

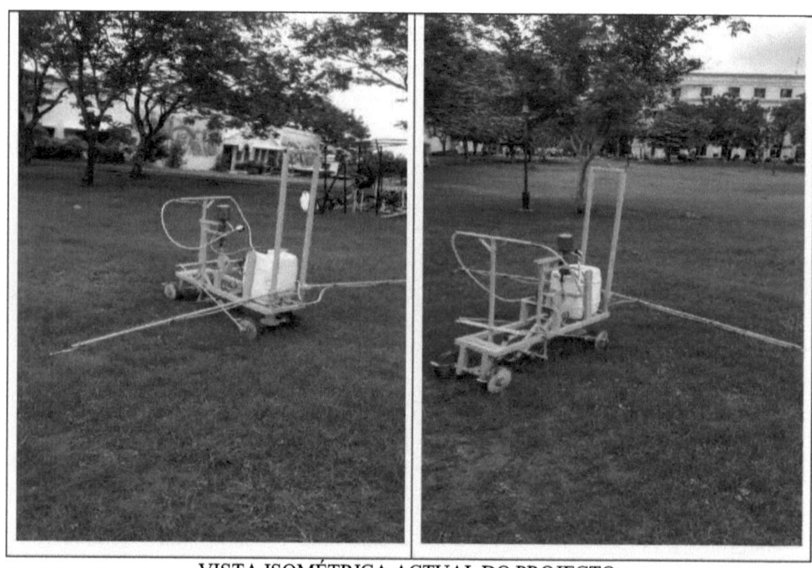

VISTA ISOMÉTRICA ACTUAL DO PROJECTO

**Figura 5.3: Montagem de uma máquina de pulverização de pesticidas com acionamento manual ajustável**

# CAPÍTULO 6

## RESULTADOS E DEBATES

Um bom projeto nunca pode ser perfeito até e a menos que tenha um desempenho satisfatório para as nossas expectativas. Os resultados medidos a partir da máquina desenvolvida decidem geralmente se o conceito desenvolvido é aceitável ou não. Assim, o próximo artigo apresenta uma discussão sobre o funcionamento e os testes de uma máquina de pulverização de pesticidas com acionamento manual ajustável e uma comparação entre a tecnologia existente e a nova tecnologia desenvolvida.

## 6.1 DISCUSSÃO SOBRE O ENSAIO DE UMA MÁQUINA DE PULVERIZAÇÃO DE PESTICIDAS COM ACCIONAMENTO MANUAL AJUSTÁVEL.

A máquina de pulverização de pesticidas é uma máquina manual de empurrar que utiliza a força humana como fonte de energia para acionar o mecanismo. A eficácia desta máquina será medida com base na área que cobrirá durante o processo de pulverização ao longo do tempo. Uma vez que se trata de uma máquina accionada por mão humana, prevê-se que o operador possa ter tendência para a fadiga se o conceito evoluído aumentar o tempo de cobertura da área.

50, Foi decidido selecionar uma área de 10 metros quadrados de terreno de tipo agrícola, de modo a que a pessoa que conduz a máquina possa percorrê-la sem descansar e possa ser comparada com um esforço semelhante ao da agricultura.

O procedimento pormenorizado para testar a máquina é explicado no capítulo 4.3. Os resultados são os seguintes.

A máquina demora um total de 7 horas para completar 1 hector de pulverização e 35 minutos para reabastecer um depósito após o seu consumo total.

## 6.2 COMPARAÇÃO ENTRE A MÁQUINA EVOLUÍDA E TECNOLOGIA ACTUAL

A máquina evoluída e a sua tecnologia são, de certa forma, uma combinação de máquinas de pesticidas operadas manualmente e de máquinas de pulverização de pesticidas operadas a motor, mas utilizando um mecanismo semelhante ao da máquina de pulverização de pesticidas mecanizada.

1) Se compararmos uma bomba de pulverização de pesticidas ajustável e accionada manualmente com uma máquina portátil de pulverização manual, então o conceito evoluído requer menos tempo para pulverizar do que a máquina manual. Além disso, verifica-se que o conceito desenvolvido protege o ser humano do contacto direto com o inseticida, o que parece ser seguro para a saúde.

2) A pulverização de pesticidas, facilitada por máquinas pesadas utilizadas, consome uma grande quantidade de gasolina ou gasóleo. Se pensarmos em deslocar este tipo de veículos através das explorações agrícolas indianas, ou eles causarão danos às plantas ou se ficarem presos na zona agrícola, o movimento do veículo será mais lento e, por sua vez, consumirá mais gasolina do que a normalmente utilizada. Mas uma máquina de bomba de pulverização de pesticidas, operada manualmente e ajustável, obtém a sua energia a partir da energia humana e poupa muita gasolina ou gasóleo, que são fontes de energia não renováveis.

3) Ainda assim, existem algumas plantas orientadas em quintas onde as máquinas pesadas não podem ser deslocadas devido a limitações de tamanho. No entanto, uma bomba de pulverização de pesticidas ajustável e operada manualmente pode ser facilmente utilizada em tais condições agrícolas devido ao seu tamanho compacto e pode ser movida de qualquer área, o que leva a uma pulverização eficaz de pesticidas.

4) Se compararmos uma bomba de pulverização de pesticidas ajustável operada manualmente com uma máquina de pulverização de pesticidas operada manual e mecanicamente, verifica-se que o equilíbrio necessário nessas máquinas não é

necessário na nossa máquina e é muito melhor e eficaz, tendo em conta os critérios de ajuste para a pulverização.

5) Uma bomba de pulverização de pesticidas ajustável operada manualmente por empurrão não envolve qualquer maquinaria que produza ruído; ajuda a executar a tarefa de pulverização sem causar qualquer poluição sonora.

6) Considerando o fator custo, é claro que a nossa máquina é mais cara do que a máquina manual, mas torna-se rentável se considerarmos o seu funcionamento eficiente e a nossa máquina é menos dispendiosa do que as máquinas operadas a motor em qualquer altura.

7) Se compararmos uma bomba de pulverização de pesticidas ajustável operada manualmente com uma máquina de pulverização de pesticidas operada manual e mecanicamente, verifica-se que a máquina proposta é simples em termos de conceção e mecanismo, de modo que a substituição das peças defeituosas é fácil e, para a substituição, só a peça defeituosa pode ser substituída facilmente sem afetar o ajuste das outras.

# CONCLUSÕES

Com base no presente trabalho, foram tiradas algumas conclusões importantes.

1. Verificou-se que as máquinas de pulverização de pesticidas existentes utilizam gasolina e gasóleo para funcionar. Além disso, a vibração produzida pela máquina causa poluição sonora, enquanto a máquina portátil pode causar problemas de saúde às pessoas que entram em contacto direto com o inseticida.

2. A fim de evitar os problemas referidos no primeiro ponto, uma bomba de pulverização de pesticidas ajustável e accionada manualmente parece ser um conceito alternativo.

3. A comparação entre as máquinas existentes e a máquina atual mostra que uma bomba de pulverização de pesticidas ajustável operada manualmente pode funcionar de forma muito eficiente no que diz respeito à área de cobertura, tempo e custo do processo de pulverização. Além disso, parece ser económica.

4. A força necessária para a pulverização mostra que esta máquina pode ser utilizada eficazmente em todos os tipos de explorações agrícolas.

5. Esta máquina é ajustável em altura e a sua área de pulverização pode ser ajustada em função do padrão das plantas, o que torna esta máquina única na sua natureza.

6. Uma vez que a energia humana é necessária para acionar a máquina, esta pode proporcionar emprego a pessoas sem instrução que necessitem desse tipo de trabalho.

# BIBLIOGRAFIA


Técnicas de aplicação de pesticidas.

Equipamento de proteção das plantas

Pulverizadores e suas funções, classificações, pulverizadores manuais, pulverizadores eléctricos, tipos e utilizações de pulverizadores.

NitinDas,NamitMaske,VinayakKhawas, "*Fertilizantes Agrícolas e Pulverizadores de Pesticidas - Uma Revisão*". IJIRST -International Journal for InnovativeResearchinScience&Technology|Volume1|Issue11| April2015ISSN(online):2349-6010

Mahesh H.R, Kiran Kumar, Siddhesh K.B, "*Pulverizador multifuncional acionado por pressão*". N.º de referência do projeto:38S1356

P.D.P.R.HarshVardhan, S.Dheepak, P.T.Aditya, Sanjivi Arul, "*Desenvolvimento de um pulverizador aéreo automatizado de pesticidas*". IJRET: Revista Internacional de Investigação em Engenharia e Tecnologia eISSN:2319-1163|pISSN:2321-7308

Mahesh M.Bhalerao, Azfar M.Khan, DattuT.Unde, "*Desenvolvimento e fabrico de uma bomba de pulverização inteligente*". Shivajirao S. Jondhale CollegeOfEngineering,Dombivli(E),MumbaiUniversity

Sandeep H.Poratkar, Dhanraj R.Raut, "*Desenvolvimento de uma bomba de pulverização de pesticidas de múltiplos bicos*". Revista Internacional de Investigação em Engenharia Moderna (IJMER) Vol.3, Issue.2, março-abril.2013pp- 864-868ISSN:2249-6645

Herbert H. Tackett, James A. Cripe, "*Positive Displacement Reciprocating Pump Fundamentals- Power And Direct Acting Types*" *(Fundamentos da bomba recíproca de deslocamento positivo - Tipos de potência e de ação direta)*. Actas do Vigésimo Quarto Simpósio Internacional de Utilizadores de Bombas-2008

Prof. Swapnil L. Kolhe, Nilesh B. Gajbhiye, "*Bomba de pulverização multifuncional operada mecanicamente e ecológica*". Jornal Internacional de Pesquisa em Tecnologia do Advento, Vol.2, No.2, fevereiro 2014E-ISSN: 2321-9637

Terceiro Prémio Nacional de Inovações Tecnológicas e Conhecimentos Tradicionais, páginas 171-180.

Krushi Sutra - Perfis de inovações agrícolas na Índia

Shivarajakumar. A, Parameswaramurthy. D, "*Design And Desenvolvimento de uma bomba acionada por roda e pedal*".IPASJ International Journal of Mechanical Engineering (IIJME)Volume 2, Issue 6, June 2014 ISSN 2321-6441

Shiwalkar B.D, "Design of Machine Elements (theory and problems)", terceira edição. Publicação Denette.

A Textbook Of Machine Design by R.S.Khurmi And J.K.Gupta Edition 2005 .

**WEBLIOGRAFIA**

16.http://www2.mae.ufl.edu/designlab/motors/EML2322L%20Drive%20Wheel%20Motor%20Torque%20Calculations.pdf

17.http://www.womackmachine.com/pdf/rb365/47th/section10/sec10pg504pumpmotortransmissionefficiencies.pdf

Buy your books fast and straightforward online - at one of world's fastest growing online book stores! Environmentally sound due to Print-on-Demand technologies.

Buy your books online at
**www.morebooks.shop**

Compre os seus livros mais rápido e diretamente na internet, em uma das livrarias on-line com o maior crescimento no mundo! Produção que protege o meio ambiente através das tecnologias de impressão sob demanda.

Compre os seus livros on-line em
**www.morebooks.shop**

Printed by Books on Demand GmbH, Norderstedt / Germany